U0729178

少儿安全卫士

郭述军 著

交通安全

编绘：曾 奕 周 芸 王兰兰 邱路堂 张美栓 夏 巍 邱银武
张云涛 邱佩青 张东旭 江海亮 薛 峰 肖 芳 赵新华

金盾出版社

内容提要

安全教育是每个人都不容忽视的问题，尤其是对孩子来说，从小培养自我保护意识至关重要。为了使孩子更安全、更健康地成长，我们精心编绘了这套《少儿安全卫士》系列故事绘本。书中的安全故事都源自于日常生活中孩子可能会遇到的一些危险情况，每篇故事结束后都穿插了实用而贴心的小建议。对提高孩子的安全意识和应对问题的能力有较强的指导作用。《交通安全》主要包括红灯不要闯、请走斑马线、不往车外扔东西、乘车不打闹等内容。全书图文并茂，通过生动有趣的故事让孩子轻松掌握安全知识，做自己的"安全小卫士"。

图书在版编目(CIP)数据

交通安全/郭述军著 . —北京：金盾出版社，2016.1(2018.1 重印)

（少儿安全卫士）

ISBN 978-7-5186-0604-7

Ⅰ.①交…　Ⅱ.①郭…　Ⅲ.①交通安全教育—少儿读物　Ⅳ.①X951-49

中国版本图书馆 CIP 数据核字(2015)第 251722 号

金盾出版社出版、总发行

北京市太平路 5 号(地铁万寿路站往南)

邮政编码：100036　电话：68214039　83219215

传真：68276683　网址：www.jdcbs.cn

北京凌奇印刷有限责任公司印刷、装订

各地新华书店经销

开本：889×1194　1/24　印张：3.5

2018 年 1 月第 1 版第 2 次印刷

印数：4 001～7 000 册　定价：16.00 元

（凡购买金盾出版社的图书，如有缺页、倒页、脱页者，本社发行部负责调换）

目 录

目　录

马路护栏不能跨

　　跳跳猴和皮皮兔在商场买了玩具，现在要去马路对面的公交车站乘 11 路公交车回家了。可马路上没有通道通向对面，要想去对面得向西走 200 多米，才有过街天桥通向对面。

"200多米，好远呀，我实在不想走了。"跳跳猴向西望着。

"再远也得去绕。"皮皮兔站在跳跳猴旁边，也向西望着。

跳跳猴忽然发现11路公交车已经来了，它正随着车流不紧不慢地向对面的站牌靠近。"来不及了呀，你瞧，11路车快到站了。"

皮皮兔当然也看见了那辆粉红色的公交车，她说："咱们可以等下一辆。"

"等下一辆？至少要等半个小时呢。"跳跳猴不同意皮皮兔的观点。

"可是……车进站了。"

车进站了。

　　跳跳猴一把拉起皮皮兔的手说："快，跟我走！"说着，他拉住皮皮兔，从车流的缝隙里跑到马路中央。然后又像运动员跨栏似的，纵身翻过了护栏。

　　还没等皮皮兔爬过去，就听"嘎"一声刹车响，一辆飞速而来的小轿车停在了离跳跳猴不到一米远的地方。看到自己险些被车撞到，跳跳猴吓出了一身的冷汗。

　　司机也吓坏了，探出头对跳跳猴说："你这孩子，怎么能随便翻越护栏呢？多危险啊！"

　　跳跳猴也不知道该怎么解释了，抬头看了看，因为他的缘故，已经有十几辆车都堵在路上了。

"真是太危险了，幸亏司机刹车及时呀！"等跳跳猴和皮皮兔小心翼翼地穿过了马路，还心有余悸呢。

"所以说，以后再也不能这样了。"皮皮兔严肃地说。

"还不是为了能……"跳跳猴望了一眼11路公交车的站台，刚才那辆11路公交车早已经没影了，他们只能静静等候下一班车的到来。

皮皮兔
特别提醒

> 不能模仿别人翻越护栏，也不能带领别人翻越护栏。

马路上人多车多，要怎样做才能安全地过马路呢？小朋友，和跳跳猴一起来看看下面的建议吧！

1. 护栏两边都有车，不能跨越护栏。如果看见别人在跨护栏，应及时劝阻。

2. 过马路时应走人行横道、地下通道或过街天桥。

3. 即使车在红灯时停下了，过马路时也要看看两边有没有闯红灯的车辆。

红灯不要闯

今天，跳跳猴和皮皮兔要做一次愉快的旅行。他们商量好，不坐汽车，不骑自行车，就步行。可是去什么地方呢？后来，他们决定去位于市郊的动物园，听说那里新出生了两只熊猫宝宝。

"今天的天气也正好适合我们去旅行。"跳跳猴把手伸向窗外感受了一下阳光，阳光温暖而舒适。

皮皮兔提醒说："我们要多带点吃的，走到动物园，起码要一个小时呢。"

准备好后，跳跳猴和皮皮兔出发了。

咱们多带些食物。

"皮皮兔，你快点儿，路口的绿灯要灭了。"跳跳猴眼看着前面的十字路口处，绿灯正闪着显眼的数字，只剩下最后 10 秒了。皮皮兔和跳跳猴赶紧使劲儿跑。可当他们跑到路口时，绿灯恰好变红灯。

皮皮兔忙说："还是等一会儿吧。"

跳跳猴催促道："我们再跑快一点儿。"他边说边向十字路口的中间跑去。

"跳跳猴，快停下，危险啊！"皮皮兔在后面喊道。

可是已经晚了，就在跳跳猴闯进十字路口后，另外两个方向的车启动了，一辆小汽车躲闪不及，一下子把跳跳猴碰倒在地上。

好在跳跳猴伤得不重，只是把腿擦伤了点儿皮儿。因为出了事故，十字路口的交通也变得拥堵起来。在交通警察的指挥下，交通才慢慢畅通。

皮皮兔把跳跳猴扶到路边后，他们两个的心还在怦怦地跳个不停。

险些酿成车祸，跳跳猴和皮皮兔去动物园的心情也没了，便直接回家了。

小朋友，在经过路口时，应注意什么呢? 听听皮皮兔的建议吧!

1. 看到人行横道的绿灯快要灭时，不要急于跑过去，应该停下来等候。

2. 不要随人群一起闯红灯，因为这样的行为危险性更大。多等一分钟，安全才更有保障。

8

骑车不逞能

　　跳跳猴第一次骑自行车上学，心里很高兴。其实，为了学生们的安全，学校是不允许他们骑自行车上学的。今天，跳跳猴违反了学校的规定，他把自行车放在了学校门口不远处的一家超市外。晚上放学后，他神秘地把皮皮兔招呼过来，要用自行车送她回家。

　　"你骑自行车啦？让老师看见就不好了。"皮皮兔很吃惊地说。

　　"没事儿，我们快点儿走，老师就不会看见了。"跳跳猴解释说。

9

骑着骑着，跳跳猴竟然撒开了一个车把，然后另一只手也撒开了，说："皮皮兔，我给你表演一下我的车技。"

　　跳跳猴很得意，把双手举过了头顶。因为是下坡路，所以自行车的速度也越来越快了。

　　"小心别摔倒啊。"皮皮兔害怕极了。

　　"你放心，这算什么呀，我还能在自行车上唱歌呢。"

　　"你可别……"

咣当~

　　"瞧把你吓的，你就是个胆小鬼，哪像我……"话音刚落，自行车轧到一块小石头上，一下子失去了平衡，连人带车摔倒在地。

　　"哎呦……"跳跳猴疼得直咧嘴。

　　"哎呦……"皮皮兔也被重重地摔在地上。

再看自行车，车铃铛都摔掉了。跳跳猴说："以前骑得好好的，怎么今天运气这么差？"

皮皮兔说："总之，为了安全，你以后还是不要骑车了。"

有了这次教训，跳跳猴真的好长时间没敢再碰自行车了。

皮皮兔
特别提醒

不要独自一人骑自行车上街，更不要载人做一些危险的动作。

骑自行车可以说是一个很好的娱乐项目，但一定要注意安全。听听皮皮兔给大家的建议吧！

1. 骑自行车时，要戴上安全帽和护膝来保护自己，更要选择人少车少的地方。

2. 最好在大人陪同下骑自行车，大人可以给予正确的指导和安全保护。

不在路边玩耍

　　放学以后，跳跳猴和皮皮兔没有急着回家，而是抱着足球在马路边溜达。看离天黑还早。他们便在路边玩了起来。

　　跳跳猴把足球放在脚下，说："皮皮兔，你去前边，咱们练射门和守门。"

　　"好啊！不过你可别太用力。"

　　跳跳猴说："我知道，我不用力。"

咱们踢球吧！

看皮皮兔已经站在对面的不远处了，跳跳猴一脚把足球踢了出去。这一脚的力量很足，足球像炮弹一样腾空而起。可令跳跳猴没想到的是，本打算把球踢给皮皮兔，可足球却不听话地飞向了马路中间。

　　皮皮兔摆着守门员的架势，眼睛一直盯着足球，自然地就顺着足球下坠的方向去接球。

马路上突然飞来一只足球，过往的车辆都躲避着，可仍有一辆车没有躲开。足球正好砸到车窗上，"哗啦"一下，玻璃全碎了。顿时，皮皮兔被吓傻了。

　　一位女士从车里下来，吓得脸色都白了。

　　"你们两个小孩，以为这里是足球场吗？"女士气呼呼地对跳跳猴和皮皮兔嚷道。

　　"阿姨，对不起，我们错了。"跳跳猴和皮皮兔胆怯地向这位女士道歉。

　　"看你们是孩子，不追究你们的责任了，以后可千万记住，不能在马路边玩耍，这

太不安全了，万一哪辆车不小心碰到你们，那就危险了。"

"谢谢阿姨，我们以后一定不在马路边玩了。"跳跳猴认真地说道。

跳跳猴和皮皮兔知道自己惹了祸。今天，幸亏遇上了好心的阿姨，不然，麻烦可就大了。

阿姨，您说的太对了。

皮皮兔
特别提醒

有时候，自己的疏忽可能给别人带去很大的麻烦，甚至是生命危险。

小朋友，不要在马路上边走边打闹呦，这样是很危险的。看看皮皮兔是怎么说的吧！

1. 马路不是游戏场所，不要在马路边玩耍。

2. 如有同学邀请你一起在马路旁玩游戏，应马上拒绝并劝阻。

远离停放的车辆

今天周末跳跳猴和皮皮兔相约出去玩，一出小区，跳跳猴就看见了爸爸的车停在小区的门口。他一把拉住皮皮兔说："我爸爸的车在这儿呢，一会儿他肯定开车出去，咱们顺便搭个车。"

皮皮兔笑嘻嘻地说："呵呵，搭个车也不错。说实在的，走路还真有一点儿远。"

"那好，咱们就先在这儿玩会儿，等我爸爸吧。"

咱们去那边玩吧！

跳跳猴抓着头发想了想，说："咱们干脆捡点石子下棋玩吧！"

　　"行啊。"皮皮兔赞同道。

　　他们就蹲在猴爸爸的汽车后面，在地上画起了棋盘。棋盘画得简单，棋子更简单，随便捡几个石子就行了。画完了棋盘，他们就开始下棋，玩得兴致勃勃。

　　就在这个时候，猴爸爸来了，他一点儿也没有注意到蹲在车后面的两个孩子，直接进了车。

　　猴爸爸将车子启动，准备倒车时，幸亏皮皮兔听到了车子启动的声音，发现了向他们倒过来的汽车，她急忙扔掉手中的石子，使劲儿拉了一把跳跳猴，同时自己也跳到旁边去。

　　"快闪开！"她惊恐地喊了一声。

　　跳跳猴吓得头发都快竖起来了："我爸爸发疯了么？"

当跳跳猴和皮皮兔魂不附体地站到车旁后，猴爸爸才从倒车镜里发现了这个异常情况，赶忙踩了刹车。车停下来时，后轮已经轧到了跳跳猴和皮皮兔画的棋盘上了。

猴爸爸看着他们，说："没碰到你们，已经是万幸了，我刚才一点儿也没注意到车后。"

跳跳猴和皮皮兔也不知道该说些什么了。

皮皮兔
特别提醒

车辆四周都有盲区，司机一旦看不见人，就很容易酿成撞人事故。

小朋友，在车多的地方都需要注意什么呢？让猴爸爸跟大家说一说吧！

1. 不要在停放车辆多的地方追逐打闹，要不，很容易被车碰伤。

2. 在停有很多车的地方，随时都会有人突然启动车开走，所以要远离车群。

3. 应避开正在停车或要开走的车辆。因为小孩个子矮，很容易被司机忽略而发生碰撞。

请走斑马线

　　皮皮兔看见小花狗的那支玩具枪漂亮极了，所以她也要去商场买玩具枪。她数了数自己的压岁钱，哈哈，买一支枪后还有点儿富余呢。

　　皮皮兔和跳跳猴是好朋友，做什么事情，两个都会商量。

　　皮皮兔问跳跳猴："咱们去哪一家商场好呢？"

　　跳跳猴说："你知道小花狗的玩具枪是从哪里买的吗？"

"哦，小花狗的那支玩具枪是从大千世界购物中心买的。"皮皮兔回答道。

"那我们也去'大千世界'吧，这样就能买到和小花狗一模一样的玩具枪了。"

"也对。只是……去那里要穿过一条大马路，那里车辆很多。"皮皮兔有些犹豫地说。

"那有什么，我们多多注意就行了，走吧。"跳跳猴催促道。

皮皮兔和跳跳猴出了门，直奔大千世界购物中心去了。半个小时后，他们就到了那条繁华的大马路上。这条马路上总是车流不息，皮皮兔每次来到这儿都十分害怕过马路。

大千七

22

跳跳猴说："没关系，你跟着我，等车少的时候，咱们就乘机小跑过去。"他左右看了看，然后拉起皮皮兔准备往路对面跑，就在他们刚想穿过马路时，突然，"嘎吱"一声，一辆小轿车紧急刹车，停在他们身边，险些碰到他们。

司机探出头说："你们怎么不走斑马线？"

"不就几道白线吗？走不走有什么关系？"跳跳猴停下来，理直气壮地反问那个司机。

23

司机把车停在了安全地带，然后告诉他们："斑马线是专门为行人准备的，行人走斑马线最安全，司机也会主动避让走在斑马线上的行人。像你们这样乱跑，是非常危险的。"

皮皮兔听后，赶忙拉着跳跳猴退回到路边。然后等待交通灯再次变绿，才沿着斑马线安全地过马路。

皮皮兔
特别提醒

车辆在遇红灯时，是逐一停下来的，所以距离斑马线一定范围的车是在行驶的，大家不要在这个时候横穿马路呦！

小朋友，在通过车辆很多的大马路时要注意什么呢？看看皮皮兔给大家的建议吧！

1. 在过马路时，不要走在斑马线范围之外，避免离车辆太近而发生危险。

2. 不要在人行横道上打闹逗留，避免错过绿灯时间而来不及过马路。

别把头和手伸出车窗

跳跳猴和皮皮兔第一次坐车去旅游。他们要去的地方有一片美丽的湖泊。没有爸爸和妈妈的约束，与小伙伴一起自由自在地去旅游，真是件快乐的事情。

车奔驰在高速公路上，路两边的树木唰唰地向后闪去。两个小朋友在城市里面待的时间长了，这次出来玩，不管看见什么，都觉得很新鲜。

"你看，那是什么呀？"跳跳猴指着路边问皮皮兔。

"什么呀？"皮皮兔向外望了望，说，"外面只不过是一片池塘。"

"我说的是水中的那个，是小船吗？"跳跳猴说道。

皮皮兔再去看时，那片池塘已经被车甩在后面了。"现在看不见了。"她说。

跳跳猴拉开车窗玻璃，把头和手都伸出去。"就是那个。"他回头望着，用手指着。

快看，那里真漂亮！

26

开车的司机从后视镜中发现跳跳猴把头和手伸出了车外，赶忙告诉他："为了安全，请不要把头和手伸出车窗。"

跳跳猴有点不乐意，慢吞吞地把脑袋和手缩进了车里，嘴里小声说："怕什么呀，真是个多管闲事的司机。"

他的话音刚落，就见一辆大货车以更快的速度从车旁超了过去，两辆车几乎要擦到

一起了。跳跳猴不禁吓出了一身冷汗。皮皮兔也看见了刚才那辆擦身而过的大货车，她说："真是太危险了！"

"要是刚才……"跳跳猴不敢往下想了。

皮皮兔赶紧把车窗玻璃关好，生怕自己或跳跳猴一不小心再把头和手伸出去。隔着车窗，看着路边的花呀草呀，他们的心情才慢慢平静下来。

皮皮兔
特别提醒

无论坐什么车，都不应该向车窗外伸头或手，大家一定要注意呦！

小朋友，乘车时要注意哪些安全事项？一起来看看下面的建议吧！

1. 坐车时，尽量把玻璃窗开小点儿，避免大的不明物飞进来，砸伤自己。

2. 如果车上有安全带，一定要系好，安静坐车最安全。

3. 路上的来往车辆多而且快，伸出头和手很容易被擦伤。

不往车外扔东西

　　旅游结束了，大家开心地坐车往家返。跳跳猴和皮皮兔拿着矿泉水，边喝边兴奋地聊着天。

　　"那里的水怎么那么清呢？"跳跳猴问皮皮兔。

　　"那里的天怎么那么蓝呢？"皮皮兔也问跳跳猴。

　　"还有，那里的花真漂亮，连小草都绿得可爱。"皮皮兔补充道。

哈哈~

"我想……是不是那里没有被污染的原因呢？"皮皮兔望一眼车外的天空，碧蓝的一片。

"对对，就是那样的。"跳跳猴也一下子明白了。

"跳跳猴，开一下玻璃窗。"

"干什么？"跳跳猴顺手把车窗的玻璃拉开了。

皮皮兔没说话，一抬手就把喝完水的空瓶子抛了出去。跳跳猴看了看自己手中的瓶子也没什么水了，也扔了出去。

　　两个矿泉水瓶子从车里飞了出去，被车外的气流带动着飞出老远。恰好在这个时候，一辆汽车奔驰过来，为了躲避眼前突然飞来的瓶子，司机猛打一把方向盘。结果就听"咔"一声响，车的外侧刮到了路边的护栏上。

　　"谁扔的瓶子？"司机大喊着。

　　大巴车只好停靠到应急停车带上。跳跳猴和皮皮兔是诚实的孩子，他们都说："叔叔，是我们扔的，真对不起。"

　　见是两个孩子，汽车司机也就不发火了。不过，他严肃地警告他们俩："不要再往车外乱扔东西，知道吗？那样太危险了，万一出了大事，后果就难以想象了。今天，我可以不追究你们。"

"叔叔，我们知道那样做的危险性了，以后再也不会了。"跳跳猴和皮皮兔低着头说。

此后，他们再没有往车窗外扔过东西。

皮皮兔
特别提醒
往车外扔东西本身就是一种不道德的行为。

小朋友，你知道随意往车外扔东西的危害有多严重吗？看看司机是怎样说的吧！

1. 如果扔出的东西是比较硬的物品，如玻璃材质的瓶子，扔到地上就会变成玻璃碴儿，给后车带来爆胎事故的隐患。

2. 如果扔出的东西是塑料袋或纸巾之类的软质物品，扔出后有可能贴在后车的大灯或前玻璃上，影响司机的视觉，容易酿成交通事故。

求救电话要牢记

"哎呀，跳跳猴，你快看，好像出事了。"在上学的路上，皮皮兔忽然指着前面喊跳跳猴。这段路非常偏僻，好半天才有一辆车经过。

正望着天空的跳跳猴，被皮皮兔一喊，他也向前面看去。只见路边扔着一辆自行车，有个人躺在地上。他急忙喊道："是不是出交通事故了？"

"一定是。"皮皮兔说道。

"咱们去救那个人吧，把他送到医院去。"跳跳猴说。

"可是……"皮皮兔犹豫着，"咱们还得去上学呢，再说，咱们俩也抬不动他呀。"

"那怎么办，不管吗？"跳跳猴问道。

皮皮兔眨了眨眼睛说："一定要管，你忘了老师告诉我们的办法了吗？"

"什么办法？"跳跳猴好奇地问道。

"遇到事情，要去拨打相应的电话，交警 122，急救 120，火警 119，匪警 110。你瞧，这里

什么办法？

34

正好有个电话亭，咱们可以拨打 120 和 122。"

　　跳跳猴想了想："对呀，还是你聪明，赶紧去打。"

　　两个人去电话亭拨通了电话，不一会儿警车和救护车便来了。见医生把受伤的人抬上了救护车，见警察在勘察现场，跳跳猴和皮皮兔就放心了。他们相互看了看，很满意自己今天的做法。

　　"你们两个小家伙，"一个警察叔叔问道，"是你们打了 120 和 122 吗？"

　　"是呀，我们看见那个人受伤了，又救不了他，所以才打了电话。"皮皮兔说。

"是那样的。"跳跳猴也补充道。

"你们做得很对。遇到这样的情况，就得学会打 122、120、110 这些电话。"

得到警察叔叔的夸奖，跳跳猴和皮皮兔高兴得不得了，一路小跑着去上学了。

皮皮兔
特别提醒

如遇到事故，即使现场有很多人在施救，也不要围观停留，也许还会有潜在的危险。

小朋友，当遇到意外事故时，要怎样做才安全呢？大家一起看看下面的建议吧！

1. 尽量不要靠近事故现场，不要轻易碰伤者，避免错误移动，而对伤者造成更大的伤害。

2. 平时要熟记一些报警、急救、火警等之类的电话，以备不时之需。

骑车、走路注意力要集中

"皮皮兔，你看那是什么呀？"跳跳猴抬头望着一座大楼上面，边走边问皮皮兔。

"小心脚下。"皮皮兔没往上看，也没回答他。

"那边，那个是不是风筝？"跳跳猴又指着远处的天空问皮皮兔。

"你还是停下来看好不好？"皮皮兔提醒道。

"你看呀，那就是个风筝，飞得真高。"跳跳猴仍旧指着那个方向边走边说。

一个骑自行车的中年人正从他们身边经过，听见跳跳猴的话，也抬头向侧面的天空望去。骑自行车的人慢悠悠地蹬着车，眼睛一直盯着远处的天空。

"叔叔，小心前面有坑！"皮皮兔忽然喊了一句。

那个中年人以为皮皮兔在瞎说，仍旧没把注意力放在骑自行车上。

就听"哐当"一声，自行车扎进了坑里，那个叔叔也摔倒了，连眼镜都摔掉了。

哎哟~

"叔叔，您没伤着吧！"皮皮兔迅速上前去扶叔叔。

"我没事，刚才我只顾看天上的风筝了，你提醒我，我还以为你说着玩呢。"

"叔叔，骑车要集中注意力啊。"皮皮兔提醒中年男子。

"是的，谢谢你。"中年人面带羞色，骑上自行车走了。

您没伤着吧！

见中年人走了，皮皮兔又对跳跳猴说："跳跳猴，听见了吧，走路也要集中注意力。像你这样，走路从不看脚下，眼睛一直盯着天空，能安全吗？"

"不安全，以后绝不这样了。"跳跳猴认真地回答道。

走路这样的小事，如果不注意也会有危险。来听听皮皮兔是怎么说的吧！

1. 走路时注意看路面，以防被石子或小木棍之类的东西绊倒或扭伤脚。

2. 路上会有很多窨井，有的井盖并不牢固，经过时应尽量绕行。

3. 不要随意踢路上的瓶盖、易拉罐等丢弃物，容易引发事故。

主动避让特种车辆

今天的天气很好，跳跳猴一家决定去新体育馆玩。一大早，猴爸爸就开车载着一家人出门了。一家人在路上高高兴兴地讨论今天的体育馆之行。

"跳跳猴，咱们是打羽毛球还是乒乓球呢？"猴妈妈问。

跳跳猴说："妈妈您挑吧，您选哪个我都会陪您打。"

猴妈妈笑着说："我们家跳跳猴长大了，懂事了。"

　　这时，他们听见车后有消防车警笛的声音，猴爸爸就迅速把车向路边上靠，把道路让给了后面的消防车。

　　"爸爸，开得好好的，干嘛要把路让给它呢？"跳跳猴问。

　　猴爸爸说："万一有地方失火，消防车去救火，我们不让路，耽误了时间，损失可就大了。"

　　"哦"，跳跳猴望着从他们旁边超过去的消防车。

猴爸爸又说："不仅是消防车，还有救护车、警车，我们都应当主动避让。因为救护车抢救病人，时间就是生命；警车追捕罪犯，晚一分钟就可能让罪犯逃之天天。"

"对了，跳跳猴，这些知识学校也应该讲过呀。"猴妈妈说。

"学校讲过？我怎么没印象？"跳跳猴摸着脑袋回忆。

他接着又问："这也和交通安全有关吗？"

猴爸爸说："当然有，只要在路上行走、开车，都和交通安全有关，我们都应该引起注意。"

"哦，这回我记住了。"跳跳猴有点不好意思地笑了。

小朋友，当看到特种车辆出现时，应注意什么呢？听听皮皮兔的建议吧！

1. 特种车辆是执行特殊任务的，有时会不受信号灯、行驶速度、行驶路线和行驶方向的限制。所以，行人不准穿插或超越，而应主动让行。

2. 看到特殊用途的车辆，如运送易燃、易爆物品的专用车时，要尽量远离，更不要随意燃放烟火，避免发生爆炸。

铁轨上玩耍很危险

　　在放学回家的路上有一条铁路，经常有火车经过。一天，跳跳猴和皮皮兔放学后，看见铁路上没有火车，他们俩就在轨道上捡石子玩，拿石子敲击铁轨，在铁轨上跳来跳去。

　　"看，我给你表演一个走平衡木。"说着，跳跳猴就跳上轨道，双臂张开，沿着轨道走起了平衡木。

皮皮兔觉得很有意思，也跟着走起了平衡木。

他们俩正玩得起劲儿，就听到了火车的鸣笛声。皮皮兔就赶紧下来，说："有火车来了，我们快点儿走吧。"

"没事儿，这不还看不到火车嘛！"跳跳猴向远处望望说。

"快看，火车真的来了。"皮皮兔大喊一声。

跳跳猴一看，果然有一列火车呼啸而来，因为自己玩得太专心，根本没有注意到。他赶紧扔掉石子，跑下铁轨。

快跑啊！

皮皮兔又慌忙地把铁轨上的石子捡了起来。这时，火车带着一股风从他们旁边急速开了过去。

"真危险啊！"跳跳猴说。

"还有更危险的呢，如果火车轧到石子，很可能发生出轨事故。"

跳跳猴擦擦脑门上的汗珠："以后再也不在铁路上玩了。"

皮皮兔说："看来，我们以后要多注意，不要觉得火车离我们很远就在铁路上玩，而且穿过路口时要'一站二看三通过'。"

跳跳猴问："什么意思？"

"就是先停下脚步，左右察看是否有列车即将经过，确认安全后再迅速通过。"皮皮兔解释说。

"嗯嗯。有了这次教训，以后再也不敢这么大意了。"

小朋友，经过铁道口时应注意些什么？一起看看下面的建议吧！

1. 如果铁道口没有人看管，一定要先看清远处没有火车开过来再走，并快速通过不要停留。

2. 如果脚被铁轨缝隙夹住，而火车就要到达这里时，要迅速脱掉鞋子躲开。

第一次坐地铁

　　跳跳猴和皮皮兔在等地铁，他们准备去图书馆。今天，他们是第一次坐地铁出行。

　　"地铁站好宽敞啊！"他们像走进了博物馆似的，四处看看，哪儿都觉得新鲜。地铁列车还没进站，跳跳猴就跑到站台边上去看下边的轨道，他想知道地铁的轨道是不是和火车的轨道一样。

　　"你在干什么？赶紧回来！"皮皮兔发现了，急忙把他拽了回来。听到喊声，跳跳猴被吓了一跳，手里的口香糖也掉下了轨道。

这时，工作人员走过来，微笑着对跳跳猴说："小朋友，请站在黄色安全线内。为了安全，乘客是不许越过这条黄线的。"

"那我的口香糖怎么办？我要下去捡。"跳跳猴着急地说。

工作人员说："地铁列车马上要进站了，列车开走以后，我们会请专门的工作人员清理掉，千万不能自己下去，下面有很强的高压电，非常危险。"

"谢谢您，我们知道了。"皮皮兔拉走了不高兴的跳跳猴。

一眨眼的功夫，他们身后就排了很多人。一会儿，地铁列车到站了，他们按顺序进了车厢。

一进车厢，跳跳猴就闲不住了，一会儿用手摸摸这，一会儿又走到那边看看。他刚要按下旁边的按钮，却被皮皮兔拦住了："跳跳猴，这个是紧急制动按钮，除非出现紧急

情况，否则是不能随便动的。"

跳跳猴赶紧把手缩了回来。

旁边的阿姨又给他们讲了不少乘坐地铁的注意事项。

小朋友，乘坐地铁时需要注意哪些事项呢？一起看看下面的建议吧！

1. 地铁轨道上都是高压电，如不慎跌落物品到轨道上，应马上联系工作人员拾取，切勿擅自跳下轨道。

2. 当听到关门的警示铃声响起后，不要强行上下车，避免被车门夹伤。

3. 在没有安全门的地铁里，尽量靠后排队，防止意外发生时，被后面的人挤下轨道。

下车后不急穿马路

　　假期里，皮皮兔带着跳跳猴一起去看望她的爷爷。去爷爷家，要坐两个多小时的大客车。他们俩在路上计划着到爷爷家后玩什么。爷爷家有一大片果园，可以去摘新鲜的水果；爷爷家还有一条大黑狗，可以逗它玩……

　　他们两个完全忘了，出门前兔妈妈是怎么叮嘱他们要注意交通安全的。

哈哈~

两个多小时后，在爷爷住的小村子旁边，大客车停了下来。跳跳猴和皮皮兔兴奋地跳下车，没等大客车开走，就从车身后急匆匆地横穿马路。

　　可就在他们刚刚把身子露出在大客车的另一侧时，一辆农用车开了过来。因为路窄，农用车几乎是擦着大客车行驶的。司机突然看见了两个要横穿马路的孩子，急忙踩了个急刹车。"嘎"一声，农用车停了下来，差一点就撞到跳跳猴。

"吓死我了。"跳跳猴说。

司机下了车，对他们俩说："你们俩可真毛躁，哪有下了车不等车走开就从后面横穿马路的呀？"

皮皮兔很害怕地说："我们太着急了，也不知道会发生这种事情。"

司机叔叔告诉他们："因为大客车还没走开，被客车车身挡住的车辆你们看不见。而对面开来的车，也由于大客车的阻挡看不见行人。所以，常常会引发重大交通事故。"

跳跳猴和皮皮兔也着实吓了一跳，觉得司机的话很有道理，赶忙向叔叔道歉，并说谢谢。

然后，他们让农用车先开过去，又等大客车开走了，才小心翼翼地穿过了马路。

皮皮兔
特别提醒

平时乘坐轿车、三轮车甚至是自行车，下车时都应该注意周围的交通安全。

小朋友，下车以后过马路时需要注意什么呢？听听皮皮兔的建议吧！

1. 下车后，要等公共汽车开走了再过马路，以免被车身挡住视线，看不见左右的车辆而造成危险。

2. 当公交车到站打开车门时，不要急于下车，应先左右看看有没有过往的车辆，然后再下车，就会更安全。

小孩子不骑摩托车

　　跳跳猴家有一辆摩托车，自从爸爸开上了汽车，摩托车就整天靠在墙脚没人用。要不是那天大家提起摩托车的事，跳跳猴真不知道他们家还闲着一辆很不错的摩托车呢。

　　皮皮兔问跳跳猴："你会骑摩托车吗？"

　　跳跳猴得意地说："这没什么难的，把油门和刹车弄清楚，车把就跟自行车似的，很简单。"

这没什么难的。

"那怎么没见你骑过呀？"皮皮兔似乎有点不相信。

"只是爸爸妈妈都不让我骑。"跳跳猴解释道。

"我看呀，你根本也不会骑，就知道跟我吹牛。"皮皮兔怀疑地说。

听了皮皮兔说这样的话，跳跳猴可有点不服气。他从写字台的抽屉里拿出车钥匙，在皮皮兔眼前晃了一晃："不信是吧？走，骑给你看看。"

说着，两个人便径直去推摩托车。为了证明自己不单会骑，而且还能骑得很好，跳跳猴让皮皮兔也坐上，然后一打火，摩托车便突突突地开动了。

"你真会开呀。"皮皮兔看着他熟练的动作，有些相信了。

"谁会骗你呢？干脆带你去兜一圈。"跳跳猴说。

摩托车欢快地跑出了小区，皮皮兔坐在后面，兴奋地左看右看，还不停地招手。可是，在一个叉路口转弯时，却险些撞上一辆轿车。跳跳猴手忙脚乱，一下子控制不住摩托车了，晃几晃，连人带车全摔倒了。

"跳跳猴，你私自骑摩托车呀？"从对面车上下来的人竟是猴爸爸。

跳跳猴捂着胳膊说："我觉得应该会很简单，可谁知……"

猴爸爸："证明什么呀？你瞧这多危险！千万记住，小孩子是不能骑摩托车的，连电动车也不能骑，这是为了你们的安全着想。"

跳跳猴和皮皮兔吃了亏，谁也不敢顶嘴，都乖乖地说："明白了，记住了，小孩子不能骑摩托车。"

爸爸，我们记住了。

皮皮兔
特别提醒

小孩子的年龄太小，还不具备完全掌控任何代步交通工具的能力，出行时应尽量选择走路。

小朋友，坐摩托车后座要注意些什么？一起听听皮皮兔的建议吧！

1. 不要倒着坐，避免因失去平衡而摔下来。脚最好不要乱动，以免被车轮夹伤。

2. 手臂不要向两边张开或挥舞，避免被两侧的车辆、树枝等刮伤。最好稳抓骑车人的身体保持平衡。

高速公路巧避险

这天，猴爸爸的小汽车竟然在高速公路上出问题了，连续试了几次都不能启动，猴爸爸都着急了。"爸爸，赶紧想办法呀。"跳跳猴催促着。

跳跳猴一催促，猴爸爸脑门儿上的汗珠就多了起来。"我再试一次。"可还是没成功。

"叔叔，我们这样是不是很危险呀？您看后面开过来的车都跟飞似的，会不会撞到咱们呀？"皮皮兔望着后面开来的车，担心地提醒着猴爸爸。

61

猴爸爸听了，像是刚才忽略了一个很重要的问题，他急忙对跳跳猴和皮皮兔说："你们赶紧下车。"

"去哪呢？"跳跳猴问。

"到路边的护栏那儿，不，应该到护栏外面去，只有到高速公路外面才会安全。"

"爸爸，那你呢？"

"我自己再修修看，另外，我也必须把停车标志放到 100 米以外的地方，这样，后面的车就会注意到，并且提前变换车道，以保障行驶安全。"

"叔叔，那样就安全多了。"皮皮兔接着又说，"跳跳猴，咱俩帮忙去放停车标志牌吧。"

"不，你们两个孩子马上到高速公路外面去等着。"猴爸爸提醒道。

皮皮兔、跳跳猴和猴爸爸刚一下车，就见一辆飞一样开过来的小轿车险些和他们的车相撞。

"真危险啊！"跳跳猴叫了一声。

"是啊，在高速公路上坏了车，最重要的是到安全的地方去躲避，同时想办法提醒后面的车辆，

这里有正在检修的车辆，刚才差点疏忽了。"猴爸爸抱歉地说，然后拿出警示三角架放在路上。

跳跳猴和皮皮兔也赶紧趁没有过往的车辆，安全地迈过护栏，到高速公路外面等待。一辆辆高速行驶的汽车从他们眼前经过，每一辆车似乎都在提醒他们：安全意识，至关重要啊！

皮皮兔
特别提醒

高速路上更危险，不要因大人正在修车而感到好奇去凑热闹，避免被其他车辆撞伤。

如果遇到车在高速路上出故障时，需要注意哪些事项呢？一起看看下面的建议吧！

1. 遇到车出故障停在高速路上时，要安静等待，不要追逐玩耍，避免出车祸。

2. 听大人的安排，可先行离开，到更安全的地方等待。等故障解除后，再随大家一起安全乘车。

雪后路滑慢走路

　　这场雪下得好大呀！到处都是洁白的雪，阳光照在雪上，白亮亮的。皮皮兔和跳跳猴最喜欢下雪天了。他们可以在雪地上跑呀，跳呀，还可以滑雪呀，堆雪人呀。总之，要多快乐就有多快乐。

　　放学的时候，他们俩在雪上撒欢儿地跑着，每个人身后都留下一串漂亮的小脚印儿。

雪天真快乐。

"跳跳猴，等等我，你跑得太快了。"皮皮兔怎么也追不上跳跳猴。

跳跳猴回头说："早点到家，咱们去堆一个又大又漂亮的雪人。"

"路上有雪会很滑，离路上的车还是再远点儿比较安全。"皮皮兔小心翼翼地说。

"嘿嘿，没事儿，咱们本来就在人行道上，离车远着呢。"跳跳猴故意抬起一条腿，做出个花样滑冰的动作。

小心点！

说完，跳跳猴又跑了起来。突然有个小石子蹦到他脚下，接着就听到急刹车的声音。他回头一看，正好有辆车朝他冲过来。吓得跳跳猴赶紧向人行道里面跑，可是不小心滑倒了，只见那辆车一下撞倒了自行车。

　　"跳跳猴！"皮皮兔惊叫一声。

　　还算幸运，汽车撞在路边的一棵树上停住了。转危为安后，跳跳猴从地上爬起来，脸都吓白了。

　　"原来，汽车也会'滑倒'啊！"跳跳猴自言自语地说。

啊～

"是啊，看来我们得多注意安全了。"皮皮兔说。

汽车司机探出头说："小朋友，没事儿吧，下雪路滑，行人和车辆都容易打滑，应该更小心才对。"

"嗯，我们记住了。"跳跳猴说，然后他一步一步小心地在人行道上行走。

皮皮兔特别提醒

下雪后，不要因为路面湿滑就蹭着走，尽量抬起脚，实实在在地踩下去，会大大降低摔倒的可能性。

下雪后，路面会出现大面积结冰的现象，出门时应注意哪些安全事项呢？听听皮皮兔的建议吧！

1. 在雪天，如果路面还没被清理，最好选择雪较厚的地方行走，避免踩在较薄较平的雪片或冰面上。

2. 雪天里，出门前不要穿皮底、塑料底等易滑倒的鞋子，最好穿防滑的鞋子，也尽量不要骑自行车出行。

3. 在冰雪路面上，轮胎附着力降低，车辆容易侧滑和失控。所以，走在人行道靠里侧比较安全。

雾天走路紧靠边

　　今天早晨上学的时候，空中弥漫着大雾，到处灰蒙蒙的，10米以外的大树都看不清了。跳跳猴和皮皮兔都戴了口罩。他们知道，雾天不适宜在户外活动，戴上口罩可以避免因吸入雾中的有毒物质而生病。

　　"跳跳猴，咱们走快点。老师说过，在大雾中停留的时间越长越容易生病。"皮皮兔说。

咱们走快点。

"我们不是戴了口罩吗？"

"戴口罩只能起到部分作用，还是快点到学校好。"

"那咱们快点走好了。"

两个孩子加快了脚步。现在他们走的这条街特别窄，连人行道都没有。本来就看不清几米外的东西，走得快了，视线就更糟糕了。

"跳跳猴，咱们不要走在路的中间。你想啊，咱们看不见前面、后面的车，司机们也同样看不见咱们，走得越靠中央，危险就越大。"

"皮皮兔，你烦不烦呀，这不是还没有车嘛！"

"有车就危险了，你快点……"

皮皮兔的话刚说到一半，她忽然发现，从他们后面开过来一辆三轮车，一点声音也没有。开车的师傅发现前面有人时，也已经要撞到跳跳猴了。皮皮兔迅速拉一把跳跳猴，跳跳猴回头一看，一辆

快让开！

三轮车与自己擦身而过，再晚半秒钟他肯定就被撞到了。

"谢谢你，皮皮兔。"跳跳猴既后悔又后怕。

"这次知道该靠路边走了吧？"皮皮兔强调道。

跳跳猴不好意思地笑了，再也不敢向路中间迈一步了。

皮皮兔
特别提醒

雾霾天气，能见度不高，即使走在最熟悉的路上，也一定要多注意路况才更安全。

小朋友，在雾霾天气里要注意哪些安全事项呢？听听皮皮兔的一些建议吧！

1. 雾霾会增加空气中的颗粒和细菌，所以，出行要戴口罩，回家要洗手洗脸，减少细菌的侵害。

2. 在恶劣的环境中，在雾霾天气引发的事故最严重。出行时，应在路的右侧缓慢行走。

乘车不打闹

　　星期天，跳跳猴和皮皮兔坐公交车去公园玩。上车一看，已经没有座位了，他们只好站着。可没过一会儿，他们俩就不安静了，互相打闹起来，谁也没抓着扶手，你推我一下我推你一下，嘻嘻哈哈的。

　　"你们两个小孩，别闹了，扶着点旁边的座位，要不然，会很危险的。"司机叔叔对他们说。

　　"叔叔，你放心，我们不是小孩子了。"

跳跳猴和皮皮兔仍旧打闹着。就在这个时候，公交车前面突然出现了意外情况，司机一个急刹车，公交车"嘎吱"一声停住了。坐在座位上的人都猛地向前一扑，还好有前面的座位挡着。可跳跳猴和皮皮兔呢，他们两个噔噔噔向前晃了好几步，"扑通"一下都摔倒在车厢里了。尤其是跳跳猴，差点把一颗门牙磕掉了。

哎呀~

74

受伤了吗?

　　"哎哟哟,真摔疼我了。"跳跳猴捂着嘴。

　　"我也好疼呀,是不是胳膊折了呢?"皮皮兔摇摇胳膊,好像没什么事。

　　司机回过头来对他们说:"都没什么事吧?如果摔伤了,我就先送你们去医院。刚才车前一个过马路的老奶奶突然晕倒了,我不得不急刹车。"

跳跳猴和皮皮兔无话可说了。

公交车再次启动后，他们俩都不闹了。虽然他们被磕得很疼，双手却都牢牢地抓着固定物。

小朋友，安全乘坐公交车是每个乘客必须注意的，一定要记住哟！听听司机叔叔的建议吧！

1. 坐车时应双手扶住前面座位的椅背，以防刹车时身体摇晃或前冲。

2. 没有座位时，应离车门远一些，并抓牢扶手等车内的固定物，避免被人挤倒。

上车下车不拥挤

"皮皮兔，动作快点呀，车马上就到站了。"跳跳猴在前，皮皮兔在后，几乎是小跑着奔向公交车。

"你看，已经有那么多人在等车呐。"皮皮兔指指在车站等车的人们。

"所以我们要更快点呀，晚了肯定挤不上车了。"

皮皮兔已经有点气喘吁吁了，她不能多说什么话了，感觉一说话就更没力气了。等他们到了车站，公交车也正好开了过来。

见公交车开了门，等车的人呼啦一下子挤上去，秩序也乱了。跳跳猴拉着皮皮兔往里挤，他三下两下就钻到了车门口。可皮皮兔却钻不过去呀，更重要的是，她本来也没打算要挤进去。

"跳跳猴，你别挤了，咱们还是排队吧。"皮皮兔在后面喊跳跳猴。

"哎呀，排什么队呀，快点挤过来！"说话时，跳跳猴已经挤到车门前。

跳跳猴只顾往里挤了，一不小心，被脚下的东西绊了一下，身体一下子失去了平衡。本来就有好多人在挤，这下可糟了，跳跳猴想站都站不住，一头栽下去。这还不算，马上有两只脚踩到了他的身上。

　　"哎呀，别踩我！"跳跳猴又急又怕，大声呼喊。

　　皮皮兔听见了喊声，也从人群的缝隙间看见了被挤倒在地的跳跳猴。她忙喊："有人被挤倒了，大家快停下来。"

79

听到她这么一喊，人们才不再拥挤了。

跳跳猴站起来，拍拍身上的土，抓着车内的扶手向里面走，同时又向车内所有的乘客说："对不起，刚才因为我挤车给大家带来了不便。"

对于跳跳猴的态度，所有的乘客都点头认可了。

皮皮兔
特别提醒

在等车时，如果发生人多挤车的情况，应尽量等下一辆，避免磕伤或踩伤。

小朋友，乘坐公交车时要注意哪些安全事项呢？听听皮皮兔的建议吧！

1. 等公交车停稳，车门安全打开后再上下车。

2. 上车时，要文明排队，一个接一个地走，不要推挤或拼抢。

3. 下车时不要离车门太近，也不要扶车门两侧，避免被夹伤。